FORSCHUNGSBERICHT DES LANDES NORDRHEIN-WESTFALEN

Nr. 3087 / Fachgruppe Physik/Chemie/Biologie

Herausgegeben vom Minister für Wissenschaft und Forschung

Prof. Dr. Reiner Sustmann
Institut für Organische Chemie
der Universität - Gesamthochschule - Essen
Fachbereich 8

Kinetische- (KESR) und Modulations- (MESR)
ESR - Spektroskopie

Springer Fachmedien Wiesbaden GmbH

CIP-Kurztitelaufnahme der Deutschen Bibliothek

Sustmann, Reiner:
Kinetische- (KESR) und Modulations- (MESR)
ESR-Spektroskopie / Reiner Sustmann. -
Opladen : Westdeutscher Verlag, 1981.

  (Forschungsberichte des Landes Nordrhein-
  Westfalen ; Nr. 3087 : Fachgruppe Physik,
  Chemie, Biologie)

NE: Nordrhein-Westfalen: Forschungsberichte
des Landes ...

ISBN 978-3-531-03087-6   ISBN 978-3-663-06759-7 (eBook)
DOI 10.1007/978-3-663-06759-7

© 1981 by Springer Fachmedien Wiesbaden
Ursprünglich erschienen bei Westdeutscher Verlag GmbH, Opladen 1981.

Inhalt

1. Kinetische Anwendungen der ESR-Spektroskopie 1
   1.1 Kinetische (zeitaufgelöste) ESR-Spektroskopie
      (KESR) 1
   1.2 Modulations-ESR-Spektroskopie (MESR) 2

2. Apparativer Aufbau 3
   2.1 Zeitaufgelöste ESR-Spektroskopie 3
   2.1.1 Durchführung der Messungen 8
   2.1.2 Auswertung der Messungen 10
   2.2 Modulations-ESR-Spektroskopie 12
   2.2.1 Durchführung der Messungen 14
   2.2.2 Auswertung der Messungen 15

3. Anwendungen der KESR- und der MESR-Spektroskopie ... 16
   3.1 Isomerisierungsbarriere des 1- [D]-Allyl-
      radikals 16
   3.1.1 ESR-Spektren deuterierter Allylradikale 18
   3.1.2 Terminationskinetik des Allylradikals und
       ergänzende Messungen 22
   3.1.3 Stationärkinetische Messungen 28
   3.1.4 Diskussion der Ergebnisse 34
   3.2 Isomerisierungsbarriere von 1-Cyan-allyl-
      radikalen 35
   3.2.1 Terminationskinetik des syn- und anti-1-
       Cyan-allylradikals 38
   3.2.2 Stationärkinetische Messungen 40
   3.2.3 Modulations-ESR-Spektroskopie des syn-1-
       Cyan-allylradikals 41

Literaturverzeichnis 47

1. Kinetische Anwendungen der ESR-Spektroskopie

Seit Anfang der 60er Jahre wird die ESR-Spektroskopie mehr und mehr als Instrument zur Untersuchung der Kinetik von Radikalreaktionen verwendet [1,2]. Die ESR-Spektroskopie ist für reaktionskinetische Untersuchungen an Radikalen besonders geeignet, da sie eine direkte Beobachtung des reaktiven Teilchens erlaubt. Da Radikale in verschiedenen Erscheinungsformen (z.B. als stabile, persistente, transiente Radikale, Radikalanionen, Radikalkationen, Bi- und Triradikale in Gasen, Flüssigkeiten und Feststoffen) auftreten, sind im Laufe der letzten Jahre eine Anzahl verschiedener Meßmethoden für kinetische Studren entwickelt worden. Nach den zugrunde liegenden physikalischen Prinzipien kann man die bisher bekannten Meßmethoden in vier Hauptgruppen einteilen :

1.) Linienform (breiten)-Analyse der ESR-Hyperfeinstruktur (Dynamische ESR-Spektroskopie (DESR)),

2.) Bestimmung der zeitlich konstanten Radikalkonzentration (Stationäre ESR-Spektroskopie (SESR)),

3.) Zeitaufgelöste ESR-Spektroskopie (Kinetische ESR-Spektroskopie (KESR)),

4.) Modulations-ESR-Spektroskopie (MESR).

Im Rahmen des Forschungsvorhabens wurden Meßapparaturen für die 3. und 4. Methode entwickelt, gebaut und auf spezielle Probleme angewendet. Die unter Punkt 2. erwähnte Methode fand ebenfalls Anwendung.

1.1. Kinetische (zeitaufgelöste) ESR-Spektroskopie (KESR)

Die unter dem Begriff "kinetische ESR-Spektroskopie" zusammengefaßten Verfahren nehmen den weitaus breitesten Raum im Rahmen der ESR-Kinetik ein. Zur kinetischen (oder zeitaufgelösten) ESR-Spektroskopie zählen alle Verfahren, bei denen man die zeitliche Zu- oder Abnahme eines ESR-Signals messend verfolgt. Sofern sich im Laufe der Messung die Linienform nicht verändert, ist die Amplitude des ESR-Signals proportional der Konzentration des zugehörigen Radikals [3,4].

In Abhängigkeit vom Reaktionssystem kann sich die Zeitskala der Radikalreaktionen über einen sehr großen Bereich (Mikrosekunden bis Monate) erstrecken. Die Zeitskala der uns interessierenden Reaktionen liegt im Bereich von Milli- und Mikrosekunden. Für die kinetische Untersuchung dieser Reaktionen werden als Radikalerzeugungsmethode hauptsächlich radiolytische und photolytische Verfahren angewendet, die eine Radikalerzeugung direkt im Hohlraumresonator des ESR-Gerätes ermöglichen. Bekannt sind die Anwendungen von UV-Lampen [5], UV-Lasern [6], Röntgen- und γ-Strahlen [5], wobei wegen der Geschwindigkeit der Radikalreaktionen gepulste Strahlungsquellen eingesetzt werden. Neben der elektronischen Pulsung werden häufig rotierende Sektorscheiben [7] im Strahlengang einer kontinuierlichen Strahlungsquelle zur Pulserzeugung herangezogen. Über die Rotationsgeschwindigkeit der Sektorscheibe und die Größe der Sektoren kann die Pulsdauer variiert werden. Vorteilhaft für die Auswertung ist eine Pulsdauer, die zur Ausbildung der stationären Radikalkonzentration ausreicht. Der Pulsgenerator gibt auch gleichzeitig die Steuerimpulse für ein Signalverarbeitungsgerät.

Die schnellen Reaktionen erfordern spezielle Signalverarbeitungsgeräte, die in der Lage sind, das ESR-Signal noch in Bruchteilen von Sekunden zeitabhängig zu registrieren. Die weiteste Verbreitung hierbei haben digitale Mittelwertrechner gefunden [6-9]. In ihnen wird die Signal-Zeit-Funktion punktweise in digitaler Form abgespeichert.

Der große Vorteil der kinetischen ESR-Spektroskopie liegt in der Tatsache, daß man direkt den Konzentrations-Zeit-Verlauf erhält und durch Vergleich mit vorgegebenen Reaktionsmechanismen relativ leicht die kinetischen Parameter ermitteln kann. Zur Ermittlung der absoluten Geschwindigkeitskonstanten ist - abgesehen von Reaktionen 1. Ordnung - zusätzlich die Messung der stationären Radikalkonzentration notwendig.

1.2. Modulations-ESR-Spektroskopie (MESR)

Mit der Modulations-ESR-Spektroskopie [10-15] wurde in den letzten Jahren eine alternative Methode zur zeitaufgelösten ESR-Spektroskopie entwickelt, die sich insbesondere zur Untersuchung der Dynamik reaktiver Radikale in niedrigviskosen Lösungen eignet.

Das Prinzip des Verfahrens besteht in einer harmonischen Modulation der Radikalbildung und einer phasenempfindlichen Detektion der Fourier-Komponenten des ESR-Signals bei der Modulationsfrequenz. Die harmonische Modulation der Radikalbildung kann z.B. durch eine sinusförmige Intensitätsänderung des radikalerzeugenden UV-Lichtes erreicht werden. Aus der Frequenzabhängigkeit der Amplitude und/oder Phase der Fourierkomponenten läßt sich die Lebenszeit der reaktiven Spezies ermitteln. Unter Hinzuziehung weiterer Parameter wie Radikalkonzentration und Relaxationszeiten können dann die Reaktionsgeschwindigkeitskonstanten und, was die Anwendung besonders interessant macht, auch die Polarisationsparameter (CIDEP-Parameter) [16-20] des Spinsystems bestimmt werden.

Der Vorteil der MESR liegt im relativ einfachen apparativen Aufbau. Zudem lassen sich mit dieser Methode auch gekoppelte Radikalreaktionen erfassen [18-20], deren Kinetik mit der KESR-Methode nicht mehr zugänglich ist.

2. Apparativer Aufbau

2.1. Zeitaufgelöste ESR-Spektroskopie

Kinetische ESR-Spektroskopie: Aufbau und Funktionsweise der erstellten Meßapparatur sind im Blockschema der Abb. 1 erläutert.

Das Licht einer 1000 W-UV-Lampe (A) wird mittels eines Systems von Quarzlinsen (B) in der Ebene der Sektorscheibe (C) fokussiert und nach Parallelisierung auf die im Hohlraumresonator (D) des ESR-Spektrometers (E) befindliche Probe fokussiert. Durch die Photolyse geeigneter Substrate werden in der Probe Radikale erzeugt und deren auf einer 100 kHz-Modulationsfrequenz aufgeprägte ESR-Signale im phasenempfindlichen Detektor des ESR-Gerätes nachgewiesen. Dieses ESR-Signal wird ohne weitere Verstärkung in den Mittelwertrechner (F) gegeben. Die durch einen regelbaren Elektromotor (G) angetriebene Sektorscheibe (C) ist auf einem Viertel ihres Umfangs ($90°$) ausgeschnitten, so daß die Bildungsphase (Hellperiode) 1/4 und die Zerfallsphase (Dunkelperiode) 3/4 der Umdrehungszeit der Scheibe betra-

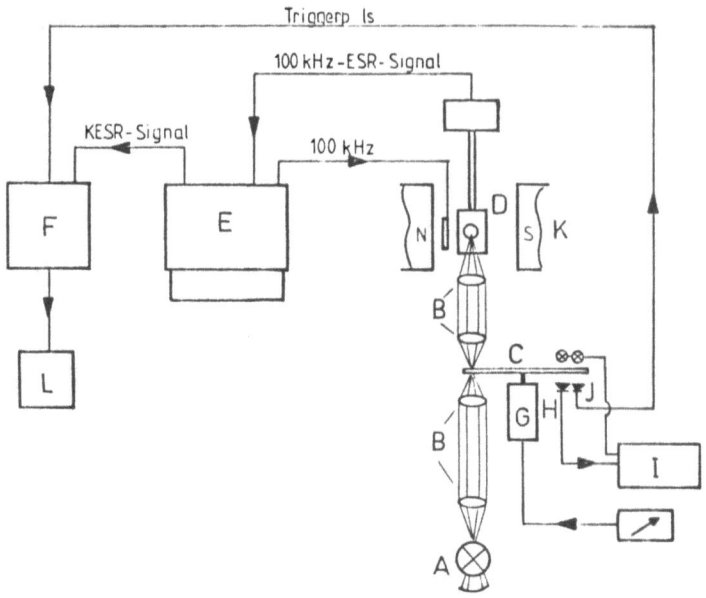

Abb. 1: Blockschema der Apparatur für die kinetische
ESR-Spektroskopie

gen. Die Rotationsfrequenz wird mit Hilfe einer Photodiode (H)
und eines Frequenzmeßgerätes (I) bestimmt. Bei jeder Umdrehung
erhält der Mittelwertrechner (F) zu Beginn der Dunkelperiode
(Zerfallsphase der Radikale) durch eine zweite Photodiode (J)
einen Triggerimpuls und beginnt mit der Registrierung des
Signals. Das Magnetfeld (K) ist hierbei am Ort des Maximums
einer intensiven ESR-Linie des Radikals fixiert. Die Akkumulation des ESR-Signals erfolgt solange, bis ein befriedigendes
Signal/Rausch-Verhältnis erreicht ist. Nur ein Teil der Speicherplätze des Mittelwertrechners dient der Registrierung der Bildungs/Zerfallskurven, der andere Teil wird für die Aufnahme der
Basislinie des Spektrums verwendet, da zur Auswertung der Kurven
eine Bezugslinie (Radikalkonzentration Null) benötigt wird. Die
Rotationsfrequenz der Sektorscheibe wird so eingestellt, daß
man während der Bestrahlungsphase die Radikal-Stationärkonzentration erreicht. Die gespeicherten Kurven werden anschließend
auf einem X/Y-Schreiber ausgeschrieben und ausgewertet.

Die Komponenten der Meßapparatur seien im folgenden näher
erläutert:

A) Optisches System zur photolytischen Radikalerzeugung (Abb.2).
Das ultraviolette Licht wird von einer 1kW-Hg/Xe-Hochdrucklampe
(Hanovia 977B-1) geliefert, die sich in einem mit einer Ozon-
ableitung versehenem Gehäuse (Schoeffel Instrument LH 151)
befindet. Der Kondensor aus Quarzlinsen (Synsil Opt.II, West-
deutsche Quarzschmelze) mit Brennweiten von 100 und 150 mm
und Durchmessern von 70 mm parallelisiert das von der Lampe
gelieferte UV-Licht. Ein Uranglasfilter (UG-5, 3 mm; Schott &
Gen.), das in einer Küvette mit Quarzglasfenstern (Suprasil I,
Ø 85 mm; Heraeus-Schott) beiderseits von destilliertem Wasser
umspült wird, filtert weitgehend sichtbare und infrarote Anteile aus dem UV-Licht heraus. Eine plankonvexe Synsil-Linse
(Ø 70 mm, Brennweite 100 mm) fokussiert die Strahlung in der
Ebene der rotierenden Sektorscheibe. Nach erneuter Parallelisierung durch eine identische Linse wird das UV-Licht durch
den Projektor (Synsil Opt.II, Ø 70 mm, f = 200 mm plankonvex,
f = 150 mm bikonvex) auf die Meßküvette fokussiert.

B) System zur Erzeugung der Lichtpulse und Synchronisation
der Signalaufnahme

Die Erzeugung der Lichtpulse erfolgt durch eine Sektorscheibe,
die in der Brennebene des UV-Lichtes rotiert. Bauform und
Abmessungen der aus 3 mm starkem Aluminium hergestellten
Scheibe zeigt Abbildung 3).

Der innere Kreis aus 10 Löchern dient zur Triggerung des
Frequenzzählers, der die Rotationsfrequenz der Sektorscheibe
mißt. Der Frequenzzähler bekommt seine Impulse über eine
Photodiode (BPY 61 IV), die durch eine 6V-Glühbirne beleuch-
tet wird. Das einzelne Loch in der Sektorscheibe ermöglicht
auf gleiche Weise die Triggerung des Mittelwertrechners (CAT)
(6 V - Puls), wenn die Dunkelphase der Sektorscheibe beginnt.

Der Antrieb der Sektorscheibe wird durch einen 250W-
Elektromotor (Metabo 6140) mit einer Leerlaufdrehzahl von
22000 U/min besorgt, wobei die Drehzahlregelung mittels
eines Triac-Reglers (Messner MES 1000) erfolgt. Aus Sicher-
heitsgründen und zur Verminderung der Geräuschentwicklung
befindet sich die Sektorscheibe in einem Schutzgehäuse aus
20 mm starkem Plexiglas. Die Lichtöffnung des Gehäuses ist
80 x 30 mm groß; eine auf der Lampenseite des Gehäuses ange-
brachte Lochblende (Ø 20 mm) sorgt für einen sauberen Brenn-

Aufbau des optischen Systems
für die Kinetische ESR - Spektroskopie

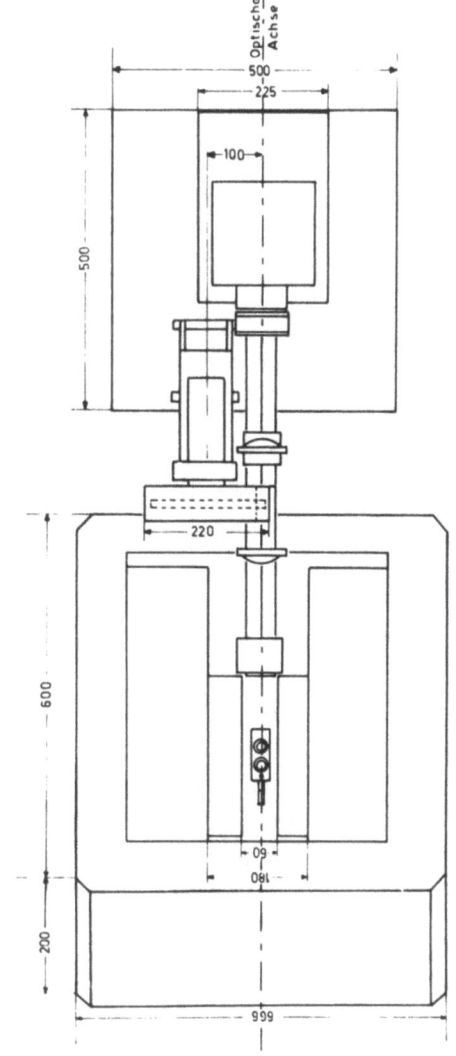

Abb.2: Aufbau des optischen Systems der KESR-Apparatur (Maße in mm)

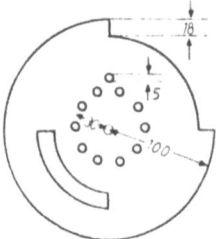

Abb.3: Sektorscheibe der KESR-Apparatur (Maße in mm)

punkt des UV-Lichtes (Ø ca. 10 mm) und vermeidet Streustrahlung.

C) Signalaufnahme und -verarbeitungsteil

Zur ESR-Messung dient ein X-Band-Spektrometer (Bruker-Physik ER-420) mit 100 kHz-Modulation, digitalem Magnetfeldmeßgerät und digitalem Mikrowellen-Frequenzzähler. Die Messung erfolgt in einem Doppel-Hohlraumresonator (TE104). Wegen der Schnelligkeit der Signaländerung wird das zeitaufgelöste ESR-Signal nicht über das variable RC-Filter geleitet, sondern direkt nach der phasenempfindlichen Detektion auf den Mittelwertrechner gegeben. Als Mittelwertrechner kommt der CAT C-1024 der Fa. Varian zur Verwendung. Die kürzeste Akkumulationszeit beträgt 25 µs/Punkt bei insgesamt 1024 Speicherplätzen. Das akkumulierte Signal wird analog auf einem XY-Schreiber (Bryans 29000) ausgegeben.

2.1.1 <u>Durchführung der Messungen</u>

Sämtliche ESR-Messungen wurden im Durchflußverfahren [21] ausgeführt, d.h. während der Messung pumpt eine motorgetriebene Injektionsspritze (50 ml Volumen) die Meßlösung mit konstanter Geschwindigkeit (einstellbar zwischen 0.03 und 1 ml/min) durch die im Hohlraumresonator befindliche Meßküvette.

Die aus reinstem Suprasil-Quarz hergestellten Küvetten bestehen aus zwei planparallelen Platten (8 x 30 mm) mit 0.4, 0.7 bzw. 1,0 mm lichtem Abstand, zwischen denen die Meßlösung durchgepumpt wird. Ein äußeres Hüllrohr (Ø 11 mm) ist zum Teil als Dewargefäß ausgebildet und erlaubt das

Durchleiten eines zur Temperierung der Lösung dienenden Stickstoffstromes. Der Temperierstickstoff wird durch geregelte Verdampfung aus verflüssigtem Stickstoff erzeugt und kann über eine Austauscherspirale mit flüssigem Stickstoff gekühlt werden. Mittels eines Heizelementes mit angeschlossenem Regelgerät erfolgt die Einstellung der gewünschten Temperatur.

Nachdem das ESR-Gerät für eine Durchflußmessung vorbereitet ist, wird bei laufendem Durchfluß der Meßlösung und geöffnetem Lichtweg eine intensive und ungestörte (nicht überlappende) HFS-Linie des Radikals gesucht, beim Maximum der ESR-Linie der Magnetfeldvorschub angehalten und der Motor der Sektorscheibe eingeschaltet. Wenn Rotationsfrequenz und Temperatur konstant sind, wird die Verstärkung des ESR-Gerätes auf den maximal möglichen Wert eingestellt und die externe Triggerung des Mittelwertrechners (CAT) eingeschaltet. Der CAT erhält nun bei jeder Umdrehung der Sektorscheibe zu Beginn der Dunkelphase einen Impuls und beginnt in Abhängigkeit von der eingestellten Sweep-Zeit mit der Abspeicherung des Signals. Das Anwachsen des akkumulierten Signals wird dabei auf dem eingebauten Monitor verfolgt, um Signaleinbrüche durch äußere Störungen sofort erkennen zu können. Die Akkumulation des ESR-Signals wird nur auf der Hälfte der Speicherplätze des CAT durchgeführt, auf der anderen Hälfte des Speichers erfolgt die Akkumulation der Basislinie. Hierzu wird nach einer gewissen Zeit die Triggerung des Liniensignals abgeschaltet, auf die andere Hälfte des Speichers umgeschaltet, das Magnetfeld des ESR-Gerätes so verschoben, daß keine Resonanzlinie anliegt und erneut die Triggerung des CAT aktiviert. Wegen des stets anliegenden Gleichstromsignals der ESR-Grundlinie erfolgt die Akkumulation der Grundlinie genau gleich lang wie die Akkumulation der ESR-Linie. Hierdurch werden künstliche Verschiebungen zwischen Signalkurve und Basislinie vermieden. Das wechselseitige Registrieren von Linie und Basis wird solange wiederholt, bis kein signifikantes Anwachsen der gespeicherten Kurve mehr zu erkennen ist. Die Temperatur der Meßlösung wird sodann durch Einschieben des 0.25-mm-Thermoelementes in die Bestrahlungszone der ESR-Küvette bestimmt. Während der Akkumulation befindet sich die Lötstelle des Thermoelementes knapp außerhalb der Meßzelle in der strömenden Lösung. Die gespeicherten Kurven werden anschließend auf dem XY-Schreiber ausgeschrieben.

Für die Bestimmung der absoluten Radikalkonzentration werden zusätzlich zur zeitaufgelösten Messung bei der jeweiligen Meßtemperatur ein Teil des ESR-Spektrums unter kontinuierlicher Bestrahlung und das Signal des Sekundärstandards registriert.

2.1.2 Auswertung der Messungen

Bei einer Rotationsfrequenz f (s^{-1}) benötigt die Sektorscheibe zum Durchlaufen des Winkels θ eine Zeit von

$$t = \frac{\theta}{360 \cdot f} \quad (s).$$

Die Bestrahlungsphase (Radikalbildungszeit) von 90° dauert somit $0.25f^{-1}$ Sekunden, die Dunkelphase (Radikalzerfallszeit) $0.75f^{-1}$ Sekunden. Rotationsgeschwindigkeiten von 170 - 200 Hz, entsprechend einer Zerfallsphase von 4.4 - 3.7 ms, erwiesen sich als optimal, da hierbei ein guter Kompromiß zwischen Zeitauflösung und Signalverfälschung beim Hell/Dunkel-Übergang gegeben ist. Die minimale Sweep-Zeit des Mittelwertrechners beträgt 12.5 ms für 512 Speicherplätze (Hälfte des Gesamtspeichers), somit konnten bei den gewählten Rotationsgeschwindigkeiten pro Messung zwei vollständige Radikalbildungs-/Zerfallskurven registriert werden.

Das Vorgehen bei der Auswertung der Radikalzerfallskurven wird an der nachstehenden Zeichnung (Abb. 4) verdeutlicht. Hierin bedeuten:

Y_{max} = Radikalstationärkonzentration (in mm bzw. mol/l)

Y_a = Radikalkonzentration nach Beendigung des Hell/Dunkel-Übergangs zur Zeit t_{tot}; erster Punkt der Auswertung

Y_i = Radikalkonzentration zur Zeit t_i (in mm bzw. mol/l)

t_{tot} = Totzeit; Hell/Dunkel-Übergangszeit der Sektorscheibe, in diesem Zeitintervall werden keine Punkte zur Auswertung herangezogen.

Δt = Zeitintervall zwischen zwei Auswertepunkten, entspricht der Speicherfortschaltungszeit des Mittelwertrechners

t_D = Dunkelzeit der Sektorscheibe = $0.75 \cdot f^{-1}$

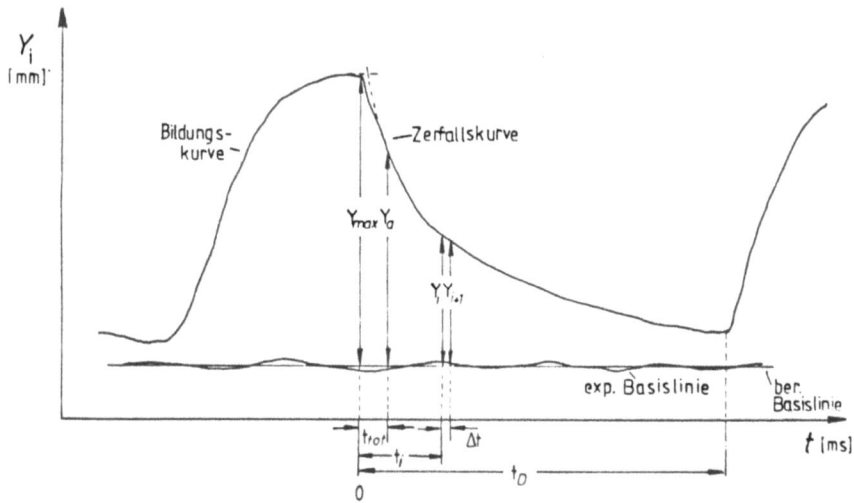

Abb.4: Auswertungsparameter der KESR-Kurven

Um die experimentellen Schwankungen der Basislinie auszugleichen, wurden relativ zur Kante des Registrierpapiers die Abstände der Basislinie in 5 mm-Intervallen abgemessen und mittels linearer Regression (programmierbarer Taschenrechner) eine ausgleichende Basislinie berechnet. Die Abstände Y_i relativ zu der berechneten Basislinie wurden ausgemessen. Das Zeitintervall Δt, in dem die Y_i-Werte den Kurven entnommen wurden, errechnete sich nach Δt = t_D/n, wobei n die Anzahl der Speicherplätze bedeutet, auf denen die Zerfallskurve abgespeichert ist. Der Brennpunkt des UV-Lichtes in der Sektorebene hat einen Durchmesser von 10 ± 2 mm, entsprechend einem Winkel von 4 - 7°, so daß bei den gewählten Sektorgeschwindigkeiten die Totzeit (Hell/Dunkel-Übergangszeit) ca. 100 μs betrug. In der gleichen Größenordnung liegt auch die Reaktions ('response')-Zeit des ESR-Spektrometers. Um einen ausreichenden Sicherheitsbereich zu haben, wurden bei den Auswertungen der beschriebenen Messungen Totzeiten von ca. 200 µs (≙ 10 Speicherpunkte) genommen.

Die Daten der Messungen wurden auf Lochkarten übertragen und mit Hilfe eines Fortran-IV-Programmes (ESRKIN/2) ausgewertet. Das Programm rechnet die ausgemessenen Y_i-Werte (mm) in absolute Konzentrationen (mol/l) um und ermittelt die Geschwindigkeitskonstanten $2k_t$ über die Gleichungen

$$\frac{1}{Y_i} = \frac{1}{Y_{max}} + 2k_t \cdot t$$

und

$$2k_t = \frac{1}{t_j - t_i} \left(\frac{1}{Y_j} - \frac{1}{Y_i} \right)$$

nach der Methode der kleinsten Fehlerquadrate. Neben dem mittleren Fehler der Geschwindigkeitskonstanten berechnet das Programm ebenfalls das Bestimmtheitsmaß r^2, eine Maßzahl für die Güte der Anpassung an die obigen Gleichungen. Ein Plot-Unterprogramm erlaubt gleichzeitig die Erzeugung von graphischen Darstellungen der Auftragung 1/Y gegen t zur visuellen Überprüfung der Anpassung. Ein weiteres Unterprogramm ermittelt über die Arrhenius-Beziehung die Aktivierungsparameter der Reaktion.

2.2 Modulations-ESR-Spektroskopie

Die Meßapparatur zur Durchführung der MESR-Untersuchungen setzt sich aus folgenden Komponenten zusammen:

A) Optisches System

Das optische System zur photolytischen Radikalerzeugung ist gegenüber dem in Kap. 2.1 beschriebenem Aufbau unverändert.

B) Einrichtung zur harmonischen Modulation der Radikalerzeugung

Die harmonische Modulation der UV-Strahlung erfolgt durch eine in der Brennebene des UV-Lichtes rotierende Sektorscheibe mit je 16 gleich großen Ausschnitten und Sektoren auf der Peripherie. Die genaue Bauform der aus 2.5 mm starkem Aluminium hergestellten Scheibe zeigt die nachstehende Abbildung (Abb. 5)

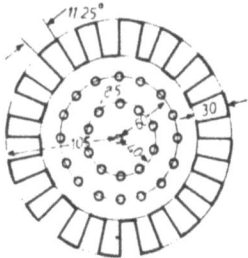

Abb. 5: Sektorscheibe zur harmonischen Lichtmodulation bei der MESR-Spektroskopie (Maße in mm).

Die 16 Bohrungen des äußeren Kreises dienen zur Erzeugung der Modulations-Referenzfrequenz für den phasenempfindlichen Verstärker. Durch entsprechende Bohrungen im Gehäuse der Sektorscheibe (Plexiglas/Hart-PVC) erzeugt eine Photodiode (BPY 61 IV) pro Umdrehung der Scheibe 16 5-V-Pulse, wobei der Beginn der Pulse mit der maximalen Durchlaßstellung der Ausschnitte übereinstimmt. Der innere Kreis aus 10 Bohrungen ermöglicht analog die Triggerung eines Frequenzzählers zur Messung der Rotationsfrequenz ν_s der Sektorscheibe. Der Antrieb der Scheibe wird durch einen zwischen 9.6 und 110 Hz regelbaren Gleichstrommotor (SEL, GBL 42x30 OEKR) besorgt, der durch eine 24-V-Gleichspannungsquelle (Philips PE 1231) gespeist wird. Im Abstand von 0.5 mm von der Sektorscheibe befindet sich am Gehäuse die augenförmige Blende (Abb. 6), deren obere und untere Kanten von halben Sinus-Kurven beschrieben werden. Der Abstand der beiden Spitzen entspricht genau der Breite der Sektoren und Ausschnitte.

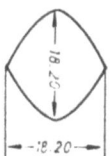

Abb. 6: Augenblende zur harmonischen Lichtmodulation
(Maße in mm)

C) Signalaufnahmeteil

Die Detektion des MESR-Signals geschieht durch einen phasenempfindlichen Verstärker (Lock-in amplifier, Ithaco Dynatrac 391-A), der mit der externen Referenzfrequenz von der Sektorscheibe ($v_L = 16 \cdot v_s$) getriggert wird. Als Eingangssignal wird das ESR-Signal vom 100 kHz-Detektor des ESR-Spektrometers verwendet. Mit dem Lock-in-Verstärker kann bei Modulationsfrequenzen zwischen 100 Hz und 10 kHz detektiert werden. Das resultierende MESR-Signal wird auf dem angeschlossenen XY-Schreiber (Bryans 29000) registriert.

D) Zusätzliche Geräte

Alle anderen notwendigen Geräte (Küvetten, Temperiereinrichtungen etc.) sind identisch mit den bei der KESR verwendeten Komponenten.

2.2.1 Durchführung der Messungen

Das ESR-Gerät wird für eine normale Durchflußmessung vorbereitet. Um Inhomogenitäten in der Lichtverteilung - und damit der Radikalkonzentration in der Meßzelle - zu vermeiden, wird die Optik so einjustiert, daß Augenblende und ESR-Küvette möglichst gleichmäßig ausgeleuchtet sind. Nachdem bei geöffnetem Lichtweg die zur Vermessung vorgesehenen HFS-Linien aufgefunden worden sind, wird die Sektorscheibe in Rotation versetzt. Der Phasenwinkel des MESR-Signals wird optimiert, indem man den Feldvorschub am Maximum der ESR-Linie anhält und am Lock-in-Verstärker die Phaseneinstellung (Auflösung $\pm 1^{\circ}$) auf maximalen Zeigerausschlag des eingebauten Anzeigeninstrumentes einstellt. Eine Kontrolle der Einstellung ist durch die eingebaute 90°-Phasenverschiebung möglich: bei richtiger Phaseneinstellung zeigt das Instrument Null-Signal an. Nach Optimierung der Zeitkonstanten (Bandbreite) und Eingangsempfindlichkeit des Lock-in-Verstärkers wird der gewünschte Teil des ESR-Spektrums durchfahren. Auf dem angeschlossenen XY-Schreiber wird das MESR-Signal registriert, während gleichzeitig auf dem Schreiber des ESR-Gerätes das zeitgemittelte Spektrum dargestellt wird.

Nach Beendigung der MESR-Signalaufnahme wird zur Bestimmung der Radikalstationärkonzentration das Spektrum des Sekundärstandards aufgezeichnet. Die Temperaturmessung in der Bestrahlungszone erfolgt wie bei den KESR-Messungen beschrieben.

2.2.2 Auswertung der Messungen

Die Auswertung der MESR-Messungen ist relativ einfach und mit bedeutend weniger Rechenaufwand verbunden als bei der zeitaufgelösten ESR-Spektroskopie. Die Modulationsfrequenz errechnet sich über $\omega_L = 2\pi \cdot 16 \nu_s$ aus der angezeigten Rotationsfrequenz der Sektorscheibe. Die Linienamplituden h_L der MESR-Signale werden den registrierten Kurven entnommen. Die ausgemessenen MESR-Amplituden müssen einer Korrektur unterworfen werden, da die Empfindlichkeit des 100 kHz-Spektrometer-Verstärkers, der vom MESR-Signal passiert wird, abhängig von der Frequenz ist. Die Frequenzabhängigkeit des Spektrometer-Verstärkers kann geeicht werden, indem anstelle des 100 kHz-MESR-Signals das mit variablen Frequenzen ν_L amplitudenmodulierte 100 kHz-Signal einex externen Frequenzgenerators in das Meßsystem eingespeist wird. Dieses Verfahren liefert oft jedoch keine sinnvollen und reproduzierbaren Ergebnisse. Aus diesem Grunde wurde bei der vorliegenden Arbeit wie folgt vorgegangen: Da nicht nur die MESR-Amplitude, sondern auch die Rauschamplitude von der Niederfrequenz ν_L abhängig ist, entnimmt man den MESR-Spektren die mittlere Rauschamplitude und bildet das Verhältnis zur Rauschamplitude bei der niedrigsten Modulationsfrequenz. Mit den so erhaltenen Faktoren werden die zugehörigen MESR-Amplituden multipliziert und die korrigierten Amplituden h_L' erhalten. Ohne Zweifel ist dieses Vorgehen mit einem gewissen Fehler behaftet; eine genaue Eichung der Frequenzempfindlichkeit des Meßsystems (z.B. mit Hilfe eines Mikrowellenmodulators) ist für genaue Messungen in Zukunft noch notwendig.

Die Ermittlung der kinetischen und CIDEP-Parameter erfolgt durch Auftragung der MESR-Amplituden und/oder -Phasenwinkel gegen die Modulationsfrequenz.

3. **Anwendungen der KESR- und der MESR-Spektroskopie**

3.1. **Isomerisierungsbarriere des 1-[D]-Allylradikals**

Beim Allylradikal, dem einfachsten konjugierten Kohlenstoffradikal, steht das mit dem ungepaarten Elektron besetzte $2_{p\pi}$- Orbital in Wechselwirkung mit dem π-Elektronensystem einer benachbarten Doppelbindung. Die Überlappung der drei p_π-Orbitale unter Ausbildung eines 3-Zentren-π-Systems führt zu einem Energiegewinn gegenüber den lokalisierten (Resonanz)-Strukturen.

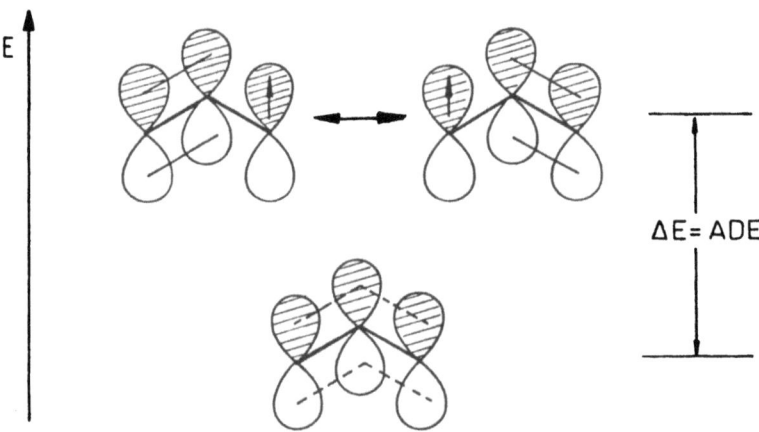

In der Literatur werden bis zum Anfang der 70er Jahre für die π-Delokalisierungsenergie (Allyldelokalisierungsenergie (ADE)) zwei Maßzahlen verwendet [22]: zu einem die "Allylresonanzergie (ARE) [23,24], zum anderen die "Allylstabilisierungsenergie (ASE) [25]. Experimentelle Werte für ARE und ASE wurden hauptsächlich mit Methoden der thermochemischen Kinetik [26] gewonnen. Die Werte liegen zwischen 37 und 105 kJ/mol. Die hohe Streubreite ist Folge experimenteller Schwierigkeiten und der allen Bestimmungen innewohnenden theoretischen Annahmen. Auf der Suche nach einer unzweideutigen und experimentell gut verifizierbaren Definition der Allyldelokalisierungsenergie wurde vorgeschlagen [27,28], als Maß für die ADE die Energiebarriere der Rotation einer CH_2-Gruppe im Allylradikal zu verwenden. Im Übergangszustand der Rotation stehen die Vinylgruppe und das mit dem ungepaarten Elektron besetzte 2p-Orbital orthogonal zueinander.

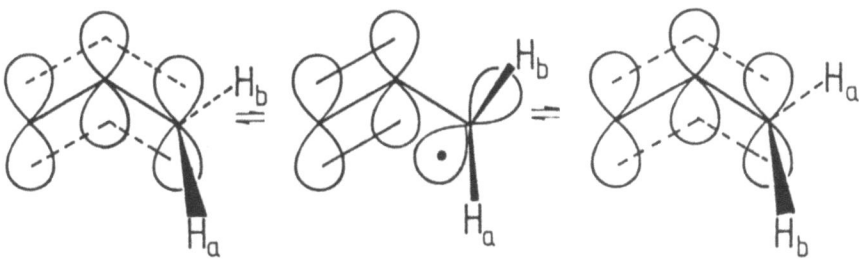

Experimentell läßt sich die Rotation um eine allylische C-C-Bindung an unsymmetrisch substituierten Allylradikalen nachweisen, da durch die Rotation eine syn/anti-Isomerisierung des Allylradikals, bzw. der daraus resultierenden Reaktionsprodukte hervorgerufen wird. Hinweise auf Isomerisierungen dieser Art wurden zuerst von Walling und Thaler [29] aus der Produktverteilung bei radikalischen Chlorierungen stereochemisch einheitlicher Olefine erhalten. Später beobachtete man häufiger Isomerisierungen bei Reaktionen, die über Allylradikale verlaufen [30-34].

ESR-spektroskopisch konnten derartige Isomerisierungen an substituierten Allylradikalen nachgewiesen werden [35,36]. Da sich derartige Beobachtungen unter Anwendung einer von Fischer und Hamilton [37] beschriebenen Methode auch zur quantitativen Ermittlung von Isomerisierungsbarrieren eignen, wurde nach einem Modell für ein möglichst ungestörtes Allylradikal gesucht, da elektronische und sterische Einflüsse von Substituenten die Höhe der Barriere beeinflussen sollten. Isotopenmarkierte Verbindungen eignen sich hierfür besonders. Die spezifisch syn- bzw. anti-1-deuterierten Allylradikale 1 und 2 wurden für diesen Zweck ausgewählt.

3.1.1 ESR-Spektren deuterierter Allylradikale

Die Photolyse von Di-tert-butylperoxid (DTBP) in Gegenwart von Phosphiten ist ein bekanntes Verfahren zur selektiven Radikalerzeugung [38]. Hierbei addiert sich ein photolytisch aus DTBP erzeugtes tert-Butoxyradikal irreversibel an Phosphit unter Ausbildung eines trigonal-bipyramidalen Phosphoranylradikals. Aus diesem Phosphoranylradikal spaltet sich bevorzugt das stabilste Radikal ab.

Die zur Erzeugung des syn-[1-D] bzw. anti-[1-D]-Allylradikals benötigten deuterierten Triallylphosphite 3 und 4 wurden durch Umsetzung der entsprechend deuterierten Allylalkohole 5 und 6 mit PCl_3 in Ausbeuten von 48-67% dargestellt [39].

$$3 \quad \underset{D}{\overset{H}{>}}C=C\underset{CH_2OD}{\overset{H}{<}} \xrightarrow[(Et)_3N \,/\, Ether]{PCl_3} \left(\underset{D}{\overset{H}{>}}C=C\underset{CH_2O}{\overset{H}{<}}\right)_3 P$$

        5   3

$$3 \quad \underset{H}{\overset{D}{>}}C=C\underset{CH_2OH}{\overset{H}{<}} \xrightarrow[(Et)_3N \,/\, Ether]{PCl_3} \left(\underset{H}{\overset{D}{>}}C=C\underset{CH_2O}{\overset{H}{<}}\right)_3 P$$

        6   4

Die in nachfolgenden Gleichungen wiedergegebene Darstellungsmethode führt nicht in stereospezifischer Art zu den deuterierten Allylalkoholen, sondern ergibt in beiden Fällen ein Gemisch unterschiedlicher deuterierter Allylalkohole, wobei der gewünschte Alkohol jeweils die Hauptkomponente ist.

$$HC\equiv C-CH_2OH \xrightarrow[D_2O]{NaOD} DC\equiv C-CH_2OD \xrightarrow[2)\, H_2O]{1)\, LiAlH_4} \underset{H}{\overset{D}{>}}C=C\underset{CH_2OH}{\overset{H}{<}}$$

                                                                                              6

- 19 -

$HC\equiv C-CH_2OH$ $\xrightarrow{\text{1) LiAlH}_4\text{/Ether}}_{\text{2) D}_2\text{O}}$ (H)(D)C=C(H)(CH$_2$OD)

5

Die ESR-Spektren (Abb. 7 und 8) erlauben die Bestimmung der Zusammensetzung des Allylalkoholgemisches. Tab. 1 gibt die Kopplungsparameter der einzelnen Radikale wieder.

Tab. 1   ESR-Daten deuterierter Allylradikale bei T = - 60 °C

	Struktur	g-Faktor (± 0.00003)	a_1	a_2	a_3 (± 0.002 mT)	a_4	a_5 (mT)
8		2.00257	0.212	1.484	0.405	1.484	1.392
9		2.00257	1.391	0.225	0.404	1.483	1.391
19·		2.00256	1.392	1.482	0.063	1.482	1.392
18		2.00258	0.215	0.228	0.407	1.485	1.397
1		2.00255	1.392	1.481	0.406	1.481	1.392
1 Lit. 3S) (T = -130°C)		2.00254	1.390	1.481	0.406	1.481	1.390

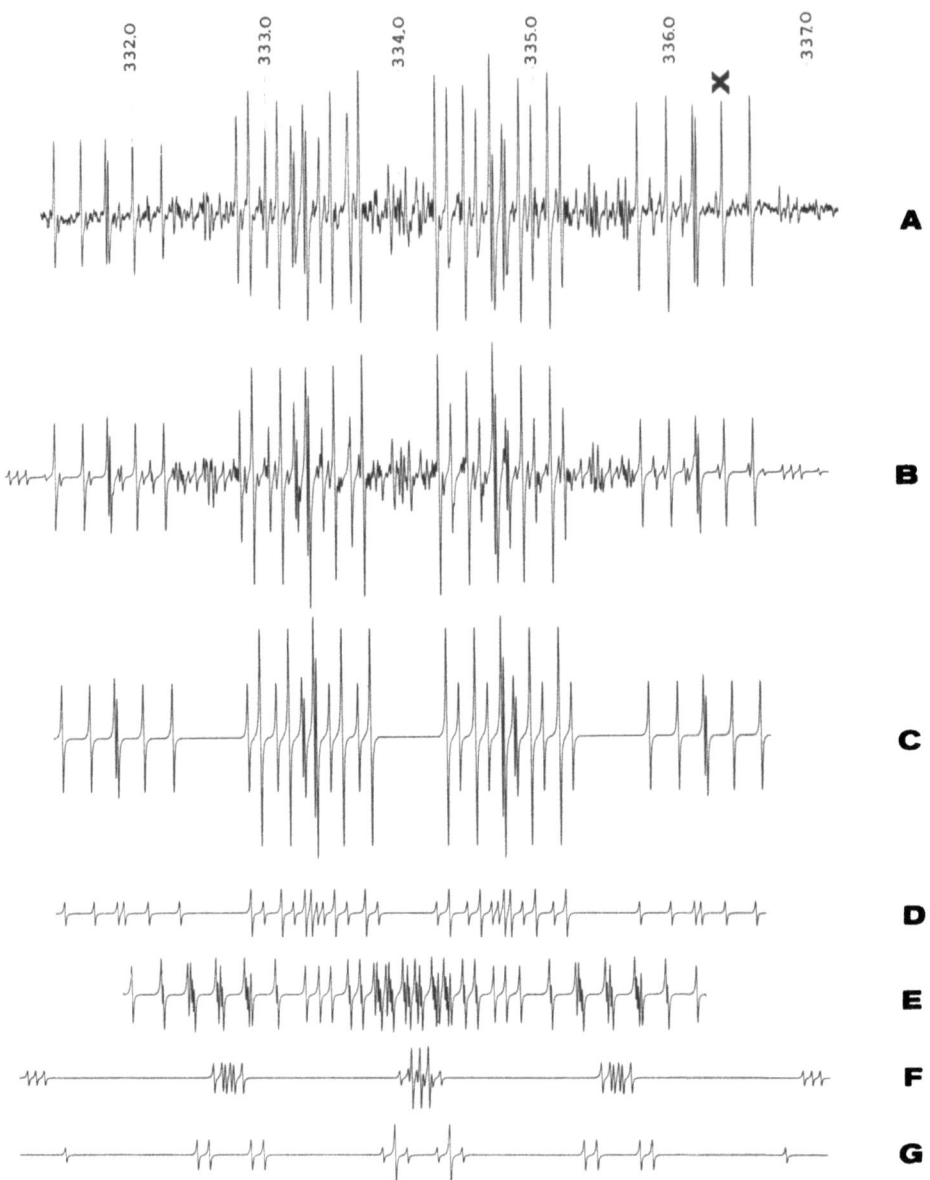

Abb. 7: ESR-Spektrum des syn-[1-D]-Allylradikals bei -60°C.
A: experimentelles Spektrum (Feldmarken in mT); B: simuliertes Spektrum (Überlagerung von C,D,E,F,G); C: syn-[1-D]-Allylradikals (8); D: anti-[1-D]-Allylradikal (9); E: [1,1-D_2]-Allylradikal (18); F: [2-D]-Allylradikal (19); G: Allylradikal (1).

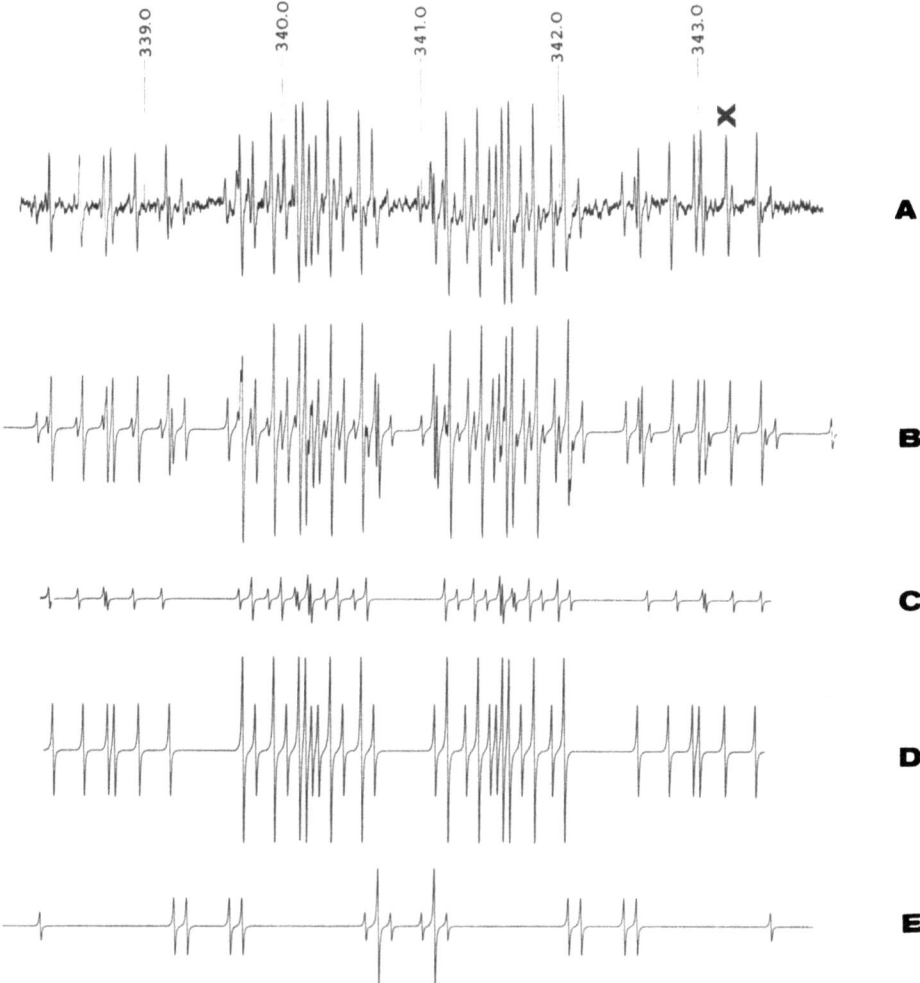

Abb. 8: ESR-Spektrum des anti-[1-D]-Allylradikals bei -65°C.

A: experimentelles Spektrum (Feldmarken in mT); B: simuliertes Spektrum (Überlagerung von C,D,E); C: syn-[1-D]-Allylradikal (9); D: anti-[1-D]-Allylradikal (8); E: Allylradikal (1).

3.1.2 Terminationskinetik des Allylradikals und ergänzende Messungen

Für die Ermittlung der Isomerisierungsbarriere der deuterierten Allylradikale ist die Kenntnis der Geschwindigkeit der bimolekularen Selbsttermination des Allylradikals erforderlich. Diese Bestimmung wurde mittels zeitaufgelöster ESR-Kinetik durchgeführt.

Das Allylradikal wurde durch Photolyse einer Mischung aus 40 Vol% Triallylphosphit, 30 Vol% DTBP und 30 Vol% Chlorbenzol erzeugt. Während der Messung wurde die Lösung langsam (0.2 ml/min) in einer Quarzflachzelle mit 0.7 mm optischer Weglänge durch den Hohlraumresonator des ESR-Spektrometers gepumpt. Die Zeitabhängigkeit der Allylradikalkonzentration wurde durch Registrierung der intensivsten Linie des ESR-Spektrums (M_I= -1/2-Übergang) gemessen. Bei Rotationsfrequenzen der Sektorscheibe von 180-190 Hz wurden pro Messung 16000-28000 An/Aus-Perioden gemittelt. Abb. 9 zeigt zwei typische, bei verschiedenen Meßtemperaturen erhaltene Radikal-Bildungs/Zerfallskurven einschließlich der zugehörigen Basislinien.

Die Auswertung ergibt für die Geschwindigkeitskonstanten bei verschiedenen Temperaturen die in Tab. 2 aufgeführten Werte. Hieraus errechnet sich für das Temperaturintervall von -38.1 bis +22.6 °C eine Arrhenius-Aktivierungsenergie für die Dimerisierung des Allylradikals von 11.56 ± 0.25 kJ/mol (log A = 11.18 ± 0.02).

Die Rekombinationskinetik des Allylradikals wurde außerdem mit einer Lösung gemessen, die aus 25 Vol% Triallylphosphit, 30 Vol% DTBP und 45 Vol% Chlorbenzol bestand. Hierfür ergab sich eine Arrhenius-Aktivierungsenergie der Dimerisierung von 11.97 ± 0.84 kJ/mol (log A = 11.77 ± 0.05). Die zugehörigen Geschwindigkeitskonstanten sind in Tab. 3 aufgeführt.

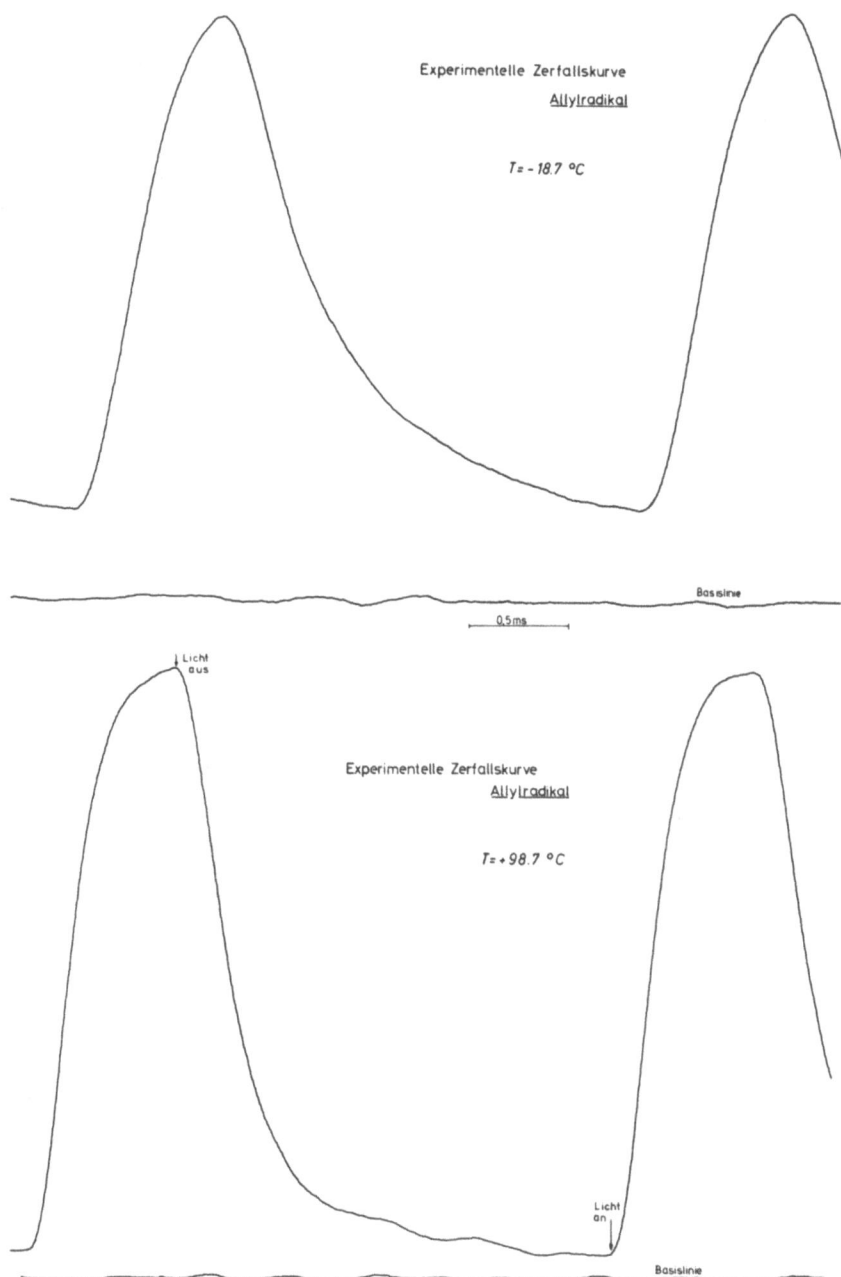

Abb. 9: KESR-Kurven des Allylradikals in einer Lösung aus 40 Vol% Triallylphosphit, 30 Vol% DTBP und 30 Vol% Chlorbenzol

Tab. 2: Geschwindigkeitskonstanten 2.Ordnung der Allylrekombination in einer Lösung mit 40 Vol% Triallylphosphit, 30 Vol% DTBP und 30 Vol% Chlorbenzol

Temp. [°C]	Geschwindigkeits- konstante $2k_t$ [10^9 l·mol^{-1}s^{-1}]	± Standard- abweichung	Bestimmtheits- maß r^2	Stationär- konzentration $[R]_o$ [10^{-6} mol/l]
-38.1	0.43 a)	0.01	0.995	2.58
-37.2	0.42 a)	0.01	0.997	2.57
-18.7	0.64	0.01	0.997	2.28
+ 2.4	0.96	0.03	0.998	1.98
+22.6	1.43	0.04	0.997	1.71
+41.8	2.15	0.09	0.991	1.47
+62.6	3.51	0.01	0.990	1.23
+79.7	4.76	0.19	0.986	1.04
+99.8	6.70	0.13	0.977	0.84
+117.9	9.25	0.22	0.984	0.65

a): Mittelwert aus zwei Zerfallskurven; alle anderen Werte sind Mittelwerte aus vier Zerfallskurven.

Tab. 3: Geschwindigkeitskonstanten 2.Ordnung der Allylrekombination in einer Lösung mit 25 Vol% Triallylphosphit, 30 Vol% DTBP und 45 Vol% Chlorbenzol

Temp. [°C]	Geschwindigkeits- konstante $2k_t$ a) [10^9 l·mol^{-1}s^{-1}]	± Standard- abweichung	Bestimmtheits- maß r^2	Stationär- konzentration $[R]_o$ [10^{-6} mol/l]
-48.9	0.80	0.03	0.987	1.85
-48.1	1.00	0.04	0.989	1.84
-21.1	2.42	0.24	0.990	1.64
+ 0.5	3.08	0.16	0.989	1.51
+21.7	4.42	0.12	0.987	1.38

a): Mittelwerte aus je vier Zerfallskurven

Unter Zugrundelegung der bimolekularen Dimerisierung des Allylradikals läßt sich die Reaktionsgeschwindigkeit im System Triallylphosphit/DTBP/Chlorbenzol durch die Gleichung

$$\frac{d[R]}{dt} = k_2[t.\text{-BuO}\cdot]\cdot[TAP] - 2k_t[R]^2$$

beschreiben. Voraussetzung hierbei ist, daß der geschwindigkeitsbestimmende Schritt der Allylradikal-Bildung die Addition des tert.-Butoxyradikals an Triallylphosphit und nicht die β-Spaltung des Phosphoranylradikals ist. Wie bereits erwähnt, sollte wegen der hohen Phosphitkonzentration bei kontinuierlicher Bestrahlung die Stationärkonzentration des tert.-Butoxyradikals sehr klein sein, zumal der Additionsschritt mit ca. 9.2 kJ/mol eine für Additionsreaktionen sehr niedrige Aktivierungsenergie besitzt [40]. Demzufolge kann man annehmen, daß die Bildungsgeschwindigkeit des Allylradikals im wesentlichen durch die Bildungsgeschwindigkeit des tert.-Butoxyradikals bestimmt wird. Die Bildung des tert.-Butoxyradikals aus DTBP ist als photolytische Reaktion proportional der Intensität des eingestrahlten Lichtes ($d[t.\text{-BuO}\cdot]/dt = a\cdot I$). Somit läßt sich in guter Näherung als Geschwindigkeitsgleichung der Reaktionen des Allylradikals der Ausdruck

$$\frac{d[R]}{dt} = a\cdot I - 2k_t[R]^2$$

schreiben. Aus dieser Beziehung folgt, daß bei kontinuierlicher Bestrahlung ($d[R]/dt = 0$) die Konzentration des Allylradikals nach

$$[R] = I^{1/2}(a/2k_t)^{1/2}$$

proportional der Wurzel aus der Intensität des eingestrahlten Lichtes sein sollte. Zur Überprüfung dieses Sachverhaltes wurde deshalb bei vier verschiedenen Temperaturen die ESR-Signalintensität in Abhängigkeit von der Lichtintensität gemessen. Die Abschwächung des UV-Lichtes geschah durch kalibrierte Drahtnetze in den Abschwächungsstufen $0.73 I_o$, $0.53 I_o$, $0.39 I_o$. Die Ergebnisse dieser Messungen sind in Abb. 10 graphisch dargestellt. Wie zu sehen ist, folgt die Signalintensität sehr gut dem geforderten Zusammenhang. Dies ist eine weitere Bestätigung der bimolekularen Selbst-Termination des Allylradikals in diesem Reaktionssystem.

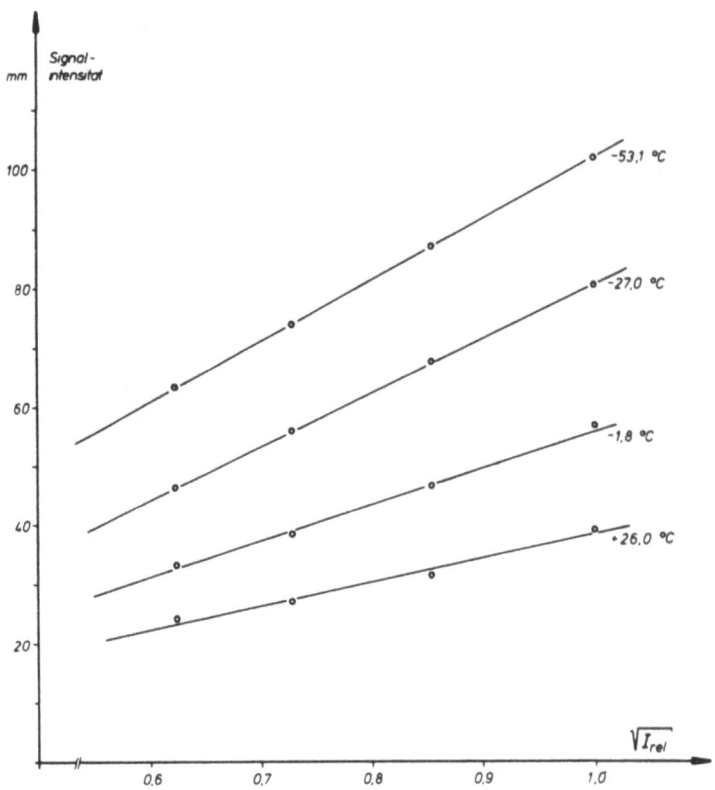

Abb.10: ESR-Signalintensität des Allylradikals als Funktion der Intensität I des UV-Lichtes

Betrachtet man die Ergebnisse der zeitaufgelösten ESR-kinetischen Messungen des Allylradikalzerfalls, so legt die Größe der Geschwindigkeitskonstanten ($10^9 - 10^{10}$ l·mol^{-1}s^{-1}) nahe, daß es sich bei der Dimerisierung der Allylradikale in den verwendeten Meßlösungen um eine diffusionskontrollierte Reaktion handelt. Die Maßzahl der Diffusion in Lösung, der Diffusionskoeffizient D, ist über die Stokes-Einstein-Gleichung [41]

$$D = \frac{kT}{6\pi r \eta}$$

mit der Viskosität η der Flüssigkeit verknüpft. Die Rekombination der Allylradikale sollte also letztlich durch die Viskosität der Meßlösung bestimmt sein, wenn es sich dabei um eine diffusionskontrollierte Reaktion handelt. Die Temperaturabhängigkeit der Viskosität wird in sehr vielen Fällen durch das Andrade-Gesetz

$$\eta = A_\eta \exp(-E_\eta/RT)$$

beschrieben. Hierin ist E_η die molare Aktivierungsenergie der Viskosität, d.h. die Energiebarriere, die dem diffundierenden Teilchen durch die Lösungsmittelmoleküle entgegengestellt wird. Sofern die "wahre" Aktivierungsenergie der Rekombination zweier Radikale sehr nahe bei null liegt, sollte also die Energie E_η mit der experimentellen Aktivierungsenergie E_t der Rekombination in Lösung übereinstimmen.

Die dynamischen Viskositäten der Meßlösungen des Allylradikal-Zerfalls wurden mit Hilfe eines Kugelfallviskosimeters im Temperaturbereich von -50 - +100°C gemessen. Die Viskositäten folgen im gesamten Temperaturbereich streng dem Andrade-Gesetz mit Korrelationskoeffizienten 0.999. Die Koeffizienten der Temperaturabhängigkeit betragen

$$\lg(A_\eta/cp) = -1.84 \pm 0.01 \qquad E_\eta = 10.26 \pm 0.08 \text{ kJ/mol}$$

für die Meßlösung mit 40 Vol% Triallylphosphitgehalt,

$$\lg(A_\eta/cp) = -2.01 \pm 0.02 \quad E_\eta = 10.80 \pm 0.04 \text{ kJ/mol}$$

für die Meßlösung mit 25 Vol% Triallylphosphitgehalt.

Die Übereinstimmung zwischen den E_η-Werten und den experimentellen Aktivierungsenergien E_t ist als gut zu bezeichnen und bestätigt, daß in der Tat die behinderte Diffusion der Allylradikale den wesentlichen Anteil der Rekombinationsbarriere liefert.

3.1.3 Stationärkinetische Messungen

In dem System deuteriertes Triallylphosphit/Di-tert-butylperoxid und Chlorbenzol finden unter den Bedingungen der Photolyse die in Gl. 1 - 5 beschriebenen Reaktionen statt.

$$(CH_3)_3CO\text{-}OC(CH_3)_3 \xrightleftharpoons[k_c]{h\nu, k_d} \overline{(CH_3)_3CO\cdot \quad \cdot OC(CH_3)_3} \xrightarrow{k_o} 2\,(CH_3)_3CO\cdot \quad (1)$$

f $\qquad\qquad\qquad\qquad$ g

$$(CH_3)_3CO\cdot + (DHC=CH\text{-}CH_2O)_3P \xrightarrow{k_2} (DHC=CH\text{-}CH_2O)_3POC(CH_3)_3 \quad (2)$$

$\qquad\qquad$ h $\qquad\qquad\qquad\qquad\qquad\qquad\qquad$ k

$(\underline{h}^a, \underline{h}^b, \underline{h}^c, \underline{h}^d, \underline{h}^e)$

$$(DHC=CH\text{-}CH_2O)_3POC(CH_3)_3 \xrightarrow{k_3} (DHC=CH\text{-}CH_2O)_2\overset{O}{P}OC(CH_3)_3 + \quad (3)$$

a $\qquad$ b $\qquad$ c $\qquad$ d $\qquad$ e

$$\underline{a} \xrightleftharpoons[k_{-r}]{k_r} \underline{b} \quad (4)$$

$$\underline{i} + \underline{j} \xrightarrow{k_{ij}} \text{nichtradikalische Produkte} \quad (5)$$

$(\underline{i},\underline{j} = \underline{a}, \underline{b}, \underline{c}, \underline{d}, \underline{e})$

Die Reaktionen laufen unter quasi-stationären Bedingungen ab, d.h. die mittlere Konzentration der einzelnen Radikale bleibt konstant (dc/dt = 0). Um die Ableitung der kinetischen Gleichungen zu vereinfachen, werden die Radikale $\underline{c},\underline{d}$ und $\underline{e}$ als ein gemeinsames Allylradikal $\underline{c}$ behandelt. Darin verbirgt sich die gerechtfertigte Annahme, daß die Rekombinationsgeschwindigkeit der Allylradikale durch die Anwesenheit von Deuterium nicht beeinflußt wird.

Die Addition von tert-Butoxyradikalen an Trialkylphosphite wurde kinetisch untersucht [42]. Die Geschwindigkeitskonstanten k_2 und k_3 der Addition und Spaltung des Phosphoranylradikals sind bekannt für R = Methyl, Ethyl, i-Propyl und t-Butyl. In diesen Fällen ist der Additionsschritt rasch und irreversibel; die Spaltungsreaktion ist demgegenüber langsam. Für R = Allyl oder Benzyl ist die Geschwindigkeit der beiden Schritte umgedreht; oberhalb von -90°C läßt sich kein Phosphoranylradikal nachweisen, d.h. die β-Eliminierung verläuft sehr rasch [43,44]. Die Gesamtreaktionsgeschwindigkeit der Reaktionen 2 und 3 wird daher ausschließlich von der Geschwindigkeit der Addition des tert-Butoxyradikals geprägt.

Durch Produktanalysen wurde sichergestellt, daß keine Rekombinationsprodukte aus tert-Butoxyradikalen mit anderen Radikalen auftreten. Daher kann man Kreuzterminationsreaktionen mit tert-Butoxyradikalen vernachlässigen. Auch für eine Fragmentierung der tert-Butoxyradikale in Aceton und Methylradikale finden sich keine Anhaltspunkte. Die kinetische Ableitung muß fernerhin keine Rekombinationsreaktionen des intermediären Phosphoranyl-Radikals berücksichtigen, da seine Konzentration selbst für einen ESR-spektroskopischen Nachweis zu klein ist.

Das kinetische Schema enthält also nur die Radikale $\underline{a}, \underline{b}, \underline{c}$ und $\underline{g}$. Folgende "steady state"-Gleichungen erhält man für das System Tri-(cis-[3-d]-allyl)-phosphit/syn-[1-d]-allylradikal unter Berücksichtigung von $k_r = k_{-r}$, d.h. Deuteriumsubstitution soll die Barriere nicht beeinflussen. $I = k_2[\underline{g}] \cdot [\underline{h}^a]$ steht für die Bildungsgeschwindigkeit der Allylradikale.

$$d[\underline{a}]/dt = I - (2k_{aa})^{1/2}[\underline{a}] \left[(2k_{aa})^{1/2}[\underline{a}] + (2k_{bb})^{1/2}[\underline{b}] + (2k_{cc})^{1/2}[\underline{c}] \right] - k_r([\underline{a}] - [\underline{b}]) = 0 \qquad (6)$$

Für das anti-[1-d]-allylradikal ergibt sich entsprechend:

$$d[\underline{b}]/dt = k_r([\underline{a}] - [\underline{b}]) - (2k_{bb})^{1/2}[\underline{b}] \left[\ldots \ldots \right] = 0, \qquad (7)$$

wobei die Abkürzung von Gl. 8 eingeführt wurde:

$$\left[\ldots \ldots \right] = (2k_{aa})^{1/2}[\underline{a}] + (2k_{bb})^{1/2}[\underline{b}] + (2k_{cc})^{1/2}[\underline{c}] \qquad (8)$$

Die Reaktionen des Allylradikals $\underline{c}$, wobei $\underline{c}$ für die Summe von $\underline{c}$, $\underline{d}$ und $\underline{e}$ steht, werden durch Gl. 9 beschrieben,

$$d[\underline{c}]/dt = L - (2k_{cc})^{1/2}[\underline{c}] \cdot \left[\ldots \ldots \right] = 0 \qquad (9)$$

wobei $L = k_2[\underline{g}] \cdot [\underline{h}^c]$ ist. Die Klammer symbolisiert Gl. 8.

Das tert-Butoxyradikal folgt Gl. 10, wobei $K = -d[\underline{f}]/dt$

$$d[\underline{g}]/dt = 2K - I - L = 0 \qquad (10)$$

die Geschwindigkeit der photolytischen Bildung des tert-Butoxyradikals darstellt.

Löst man diese Gleichungen hinsichtlich des Verhältnisses [$\underline{a}$]/[$\underline{b}$] auf, führt man $k_r = A_r \exp(-E_a/RT)$ ein und logarithmiert, so folgt Gl. 11.

$$\log\left[([\underline{a}]/[\underline{b}] - 1)/(2K \cdot 2k_{bb})^{1/2}\right] =$$
$$-\log A_r + E_a/2.3RT \qquad (11)$$

Nun läßt sich E_a aus dem Verhältnis [$\underline{a}$]/[$\underline{b}$] oder [$\underline{b}$]/[$\underline{a}$] als Funktion der Temperatur ermitteln. Berücksichtigen muß man natürlich auch die T-Abhängigkeit der anderen Größen in Gl. 11. Die Bedeutung des Terms 2K soll näher analysiert werden.

$$2K = k_2[\underline{g}] \cdot [\underline{h}^a] + k_2[\underline{g}] \cdot [\underline{h}^c] \qquad (12)$$

Die Geschwindigkeitskonstante k_2 der Addition des tert-Butoxyradikals an Tri-allylphosphit ist nicht bestimmt worden. Eine gute Näherung sollte $k_2' = 6.7 \times 10^9 \exp(-9222/RT)$ $M^{-1}s^{-1}$, die Geschwindigkeit der Addition des tert-Butoxyradikals an Triethylphosphit, sein [42]. Unter unseren experimentellen Bedingungen betrug die Konzentration [$\underline{h}$] 25 Vol.%, bzw. ungefähr 1M. Auf Grund der Analyse der ESR-Spektren (s.o.) entspricht dies 58% Tri-(cis-[3-d]-allylphosphit ([$\underline{h}^a$]), 9% Tri-(trans-[3-d]-allylphosphit ([$\underline{h}^b$]) und 31% für die Summe der anderen Triallylphosphite ([$\underline{h}^c$]). Die Gesamtstationärkonzentration der Allylradikale war $1,2 - 1,0 \times 10^{-6}$M. Entsprechend ihrem Anteil muß dies auf die verschiedenen Allylradikale $\underline{a}, \underline{b}$ und $\underline{c}$ verteilt werden. Die Stationärkonzentration von $\underline{g}$ wurde im Temperaturbereich 50 - 110°C zu $[\underline{g}] = 6-2 \times 10^{-11}$M bestimmt. Diese Berechnung beruht auf der Tatsache, daß auf Grund der Produktanalyse alle tert-Butoxyradikale in Allylradikale überführt werden. Aus der Kombination der Gl. 2 und 5 folgt dann

$$[\underline{g}] = 2k_{bb}[\underline{c}]^2/k_2[\underline{h}] \qquad (13)$$

Unter Einschluß dieser Größe berechneten wir 2K für jede Temperatur, bei der [$\underline{a}$]/[$\underline{b}$] oder [$\underline{b}$]/[$\underline{a}$] gemessen wurde. Die Größe $2k_{bb}$ im Nenner von Gl. 11 stammt aus den zeitaufgelösten Messungen (s.o.). Führt man die Arrheniusbeziehung ein, ergibt sich Gl. 14

$$\log \{([\underline{a}]/[\underline{b}] - 1)/[(2K)^{1/2}]\} = (E_a - E_{bb}/2)/2.3RT - \log A_r - 1/2 \log A_{bb} \qquad (14)$$

Die Isomerisierung $\underline{a} \rightleftharpoons \underline{b}$ wurde ESR-spektroskopisch im Temperaturbereich 50°C bis 108°C gemessen, wobei entweder $\underline{a}$ oder $\underline{b}$ das anfänglich vorherrschende Radikal war. Das Intensitätsverhältnis der beiden Radikale wurde aus dem Linienpaar bestimmt, das in Abb. 7 und 8 mit Kreuzen versehen ist. Hier stören keine Überlappungen mit anderen Linien, der Linienabstand selbst beträgt 0.025 mT. Das Verhältnis der Linienintensitäten wurde durch Vergleich der gemessenen Linien mit computersimulierten Linienpaaren bestimmt. Diese Verhältnisse entsprechen noch nicht den durch die Isomerisierung hervorgerufenen Bedingungen, da beide Radikale jeweils Anteile des anderen enthalten. Bei -75°C, wo noch keine Isomerisierung eintritt, beträgt das Verhältnis $\underline{a} : \underline{b}$ mit Tri-(cis-[1-d]-allyl-)phosphit als Substrat 7.6 ± 0.3, mit dem entsprechenden anderen Substrat folgt $\underline{b} : \underline{a}$ = 7.7 ± 0.2. Aus diesen Werten läßt sich das wahre Isomerisierungsverhältnis rechnerisch bestimmen.

Nach der Methode der kleinsten Fehlerquadrate folgt eine Aktivierungsenergie für die Isomerisierung von E_a = 65.7 ± 2.0 kJ/mol und ein $\log A_r$-Wert von 13.5 ± 0.5. Letzterer fällt in den Bereich unimolekularer Isomerisierungen, deren Entropieanteil vernachlässigbar ist. Abb. 11 gibt die experimentellen Punkte und die Regressionsgerade wieder.

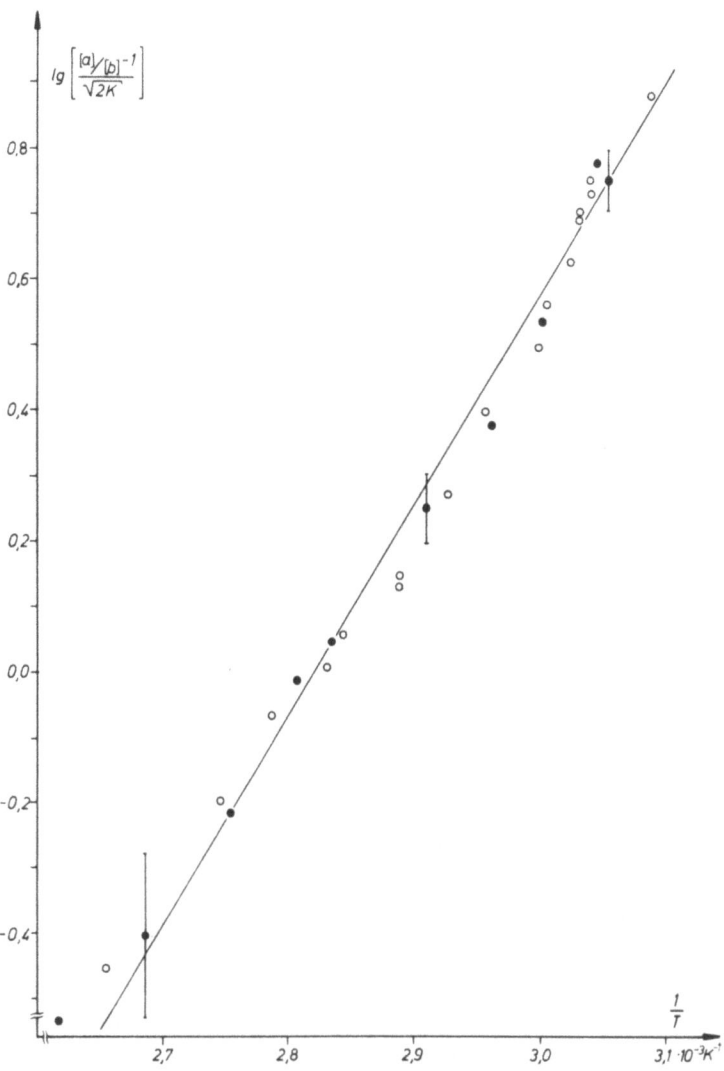

Abb. 11: Graphische Auswertung der syn/anti-Isomerisierung der [1-d]-Allylradikale

3.1.4 <u>Diskussion der Ergebnisse</u>

Eine kritische Würdigung der Rotationsbarriere erfordert eine sorgfältige Diskussion möglicher Fehler. Da die Ausgleichsrechnung sowohl die Unsicherheiten in der Bestimmung des Verhältnisses [a]/[b] als auch die der Temperaturkonstanz erfaßt, bleiben nur systematische Fehler. Hier könnten sich evtl. unterschiedliches Sättigungsverhalten der ESR-Linien oder CIDEP-Effekte auswirken. Beides konnte jedoch ausgeschlossen werden. Ein möglicher Fehler sollte demnach nicht größer als ± 4 kJ/mol sein.

Eine Barriere von 65.7 ± 4.0 kJ/mol liegt unter dem Wert, der in der Literatur mit 71 kJ/mol als untere Grenze der Barriere angegeben wurde [45]. Wir konnten jedoch zeigen, daß diese Angabe experimentell nicht haltbar ist.

Welche Beziehung besteht nun zwischen der Allylrotationsbarriere und der Allyldelokalisierungsenergie (ADE), für die erstere als Maß vorgeschlagen worden war (s.S. 19). Die Arrhenius-Aktivierungsenergie, die ja mit der Rotationsbarriere identisch ist, ist makroskopisch für ein Ensemble von Molekülen als mittlere Energie definiert, während ADE mikroskopisch definiert ist, d.h. für einzelne Teilchen. Die makroskopische Größe E_a hat als Gegenstück im mikroskopischen Bereich die sogenannte Schwellenenergie E_o [46]. Berücksichtigt man dies, so läßt sich abschätzen [46], daß die Schwellenenergie etwa 2 kJ/mol niedriger als E_a sein sollte. Um vollständig den Zusammenhang zwischen Barriere und ADE herzustellen, muß noch eine Korrektur für eine Rotation um eine $C_{sp^2}-C_{sp^2}$-Einfachbindung angebracht werden. Vergleiche mit geeigneten Modellen [47] zeigen, daß dieser Wert klein ist und etwa 4 kJ/mol betragen sollte.

Aufgrund unserer Analyse ergibt sich somit ein Wert von 58-61 kJ/mol für ADE.

3.2. Isomerisierungsbarriere von 1-Cyan-allylradikalen

Die kinetische Untersuchung der Reaktion von cyan-substituierten Allylradikalen ist im Hinblick auf den Einfluß, den die Cyangruppe als elektronenziehender Substituent auf die Geschwindigkeit und/oder Richtung der Abreaktion ausübt, interessant. Da bei endständig monosubstituierten Cyan-allylradikalen die Möglichkeit der syn/anti-Isomerisierung besteht, eröffnet sich hier, wie bei den 1-monodeuterierten Allylradikalen, ein Weg der Bestimmung der Isomerisierungsbarriere, wenn man die zeitaufgelöste - mit der stationärkinetischen ESR-Spektroskopie koppelt.

Im Übergangszustand der Isomerisierung, bei 90°-Auslenkung der -ĊH-CN-Gruppe, sollte die Stabilisierung des radikalischen Zentrums durch die Cyangruppe stärker sein als die Stabilisierung des delokalisierten Grundzustandes. Dies bedeutet, daß die Isomerisierungsbarriere der 1-Cyan-allylradikale gegenüber der Isomerisierungsbarriere des unsubstituierten Allylradikals erniedrigt sein sollte.

Die ESR-Spektren des reinen syn- bzw. anti-1-Cyan-allylradikals wurden durch Photolyse einer 1:1:1 Vol.-Mischung aus cis- bzw. trans-1-Cyan-but-1-en (Crotonsäurenitril), Di-tert-butylperoxid und Trifluor-trichlorethan (Frigen 113) bei Temperaturen $\leq 4°C$ erhalten. Die Messung erfolgte bei langsamem Durchfluß (0.2 ml/min) der Meßlösung durch eine Quarzflachzelle mit 0.4 mm optischer Weglänge. Abb. 12 zeigt die gemessenen und simulierten Spektren.

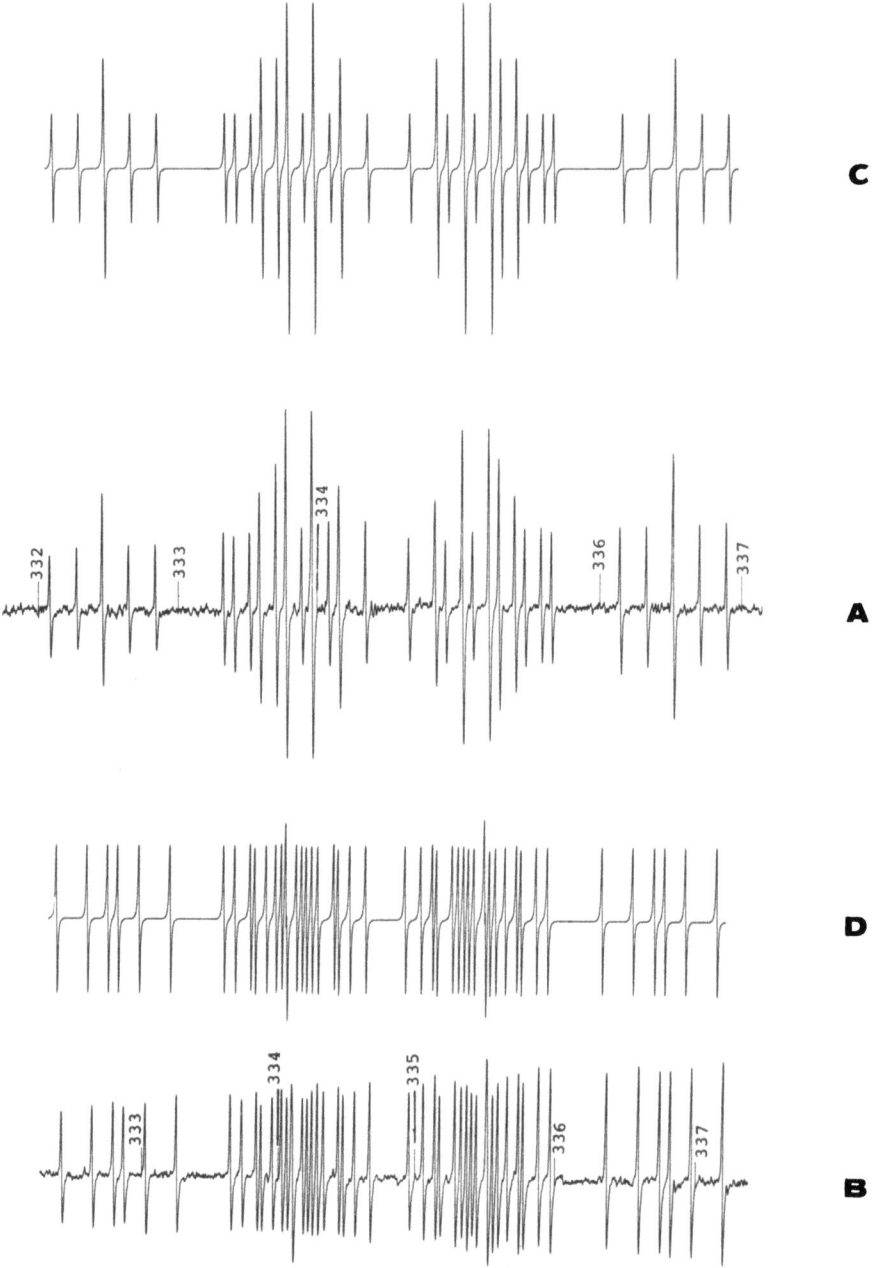

Abb. 12: ESR-Spektren des syn-1-Cyan-allylradikals 6 (A) und des anti-1-Cyan-allylradikals 7 (B) (C,D: simulierte Spektren)

Aus der Simulation folgten folgende Parameter, die mit Literaturwerten [36)] in Übereinstimmung sind.

$a_H 1$ = 1.220 mT
$a_H 2$ = 1.305 mT
$a_H 3$ = 0.379 mT (± 0.001 mT)
$a_H 4$ = 1.418 mT
a_{CN} = 0.226 mT
g = 2.00277 ± 0.00003
T = −40 °C

$a_H 1$ = 1.242 mT
$a_H 2$ = 1.315 mT
$a_H 3$ = 0.378 mT (± 0.002 mT)
$a_H 4$ = 1.503 mT
a_{CN} = 0.189 mT
g = 2.00385 ± 0.00007
T = −38 °C

Aus der mit einem Temperaturfehler von ± 1.0°C berechneten Arrhenius-Ausgleichsgraden ergibt sich eine Aktivierungsenergie von

$$E_t = 10.84 \pm 0.63 \text{ kJ/mol}$$

für die Dimerisierung des syn-1-Cyan-allylradikals und eine Aktivierungsenergie von

$$E_t = 12.85 \pm 0.46 \text{ kJ/mol}$$

für die Dimerisierung des anti-1-Cyan-allylradikals. Die zugehörigen Frequenzfaktoren betragen $A = (4.61 \pm 0.16) \times 10^{11} \text{ l·mol}^{-1} \cdot \text{s}^{-1}$ (syn-1-Cyan-allylradikal) und $A = (1.25 \pm 0.33) \times 10^{12} \text{ l·mol}^{-1} \cdot \text{s}^{-1}$ (anti-1-Cyan-allylradikal).

3.2.2 Stationärkinetische Messungen

Die stationärkinetische Methode, bei der ausgehend von dem reinen syn- bzw. anti-1-Cyan-allylradikal der bei Temperaturen > 0°C auftretende Anteil des jeweilig anderen Radikals als Funktion der Temperatur bestimmt wird, erlaubt über folgende Gleichung eine Ermittlung der Isomerisierungsbarriere:

$$\log \left[\frac{[\text{anti-Cyan}]}{[\text{syn-Cyan}]} - \frac{k_{-r}}{k_r} \right] = - \frac{E_{\text{komb}}/2 - E_r}{2.303 \cdot R \cdot T \cdot 10^3}$$

Hierin stehen [anti-Cyan] und [syn-Cyan] für die Konzentrationen der entsprechenden Allylradikale, bestimmt aus dem Verhältnis der Intensitäten entsprechender Linien der ESR-Spektren. k_r und k_{-r} sind die Geschwindigkeitskonstanten der Isomerisierung syn $\longrightarrow$ anti bzw. anti $\longrightarrow$ syn. E_{komb} ist die Aktivierungsenergie der Rekombination der isomerisierten Radikale, ermittelt mit Hilfe der zeitaufgelösten Messungen (s.o.). Das Verhältnis $k_r/k_{-r} = 1.27 \pm 0.1$ folgt aus einer Arbeit von Denney und Hoyte [48]. Die graphische Auswertung der Gleichung führt zu Isomerisierungsbarrieren von

$$E_{syn \rightarrow anti-1-Cyanallylradikal} = 44.4 \pm 5.4 \text{ kJ/mol}$$

und

$$E_{anti \rightarrow syn-1-Cyanallylradikal} = 41.0 \pm 4.6 \text{ kJ/mol}$$

3.2.3. Modulations-ESR-Spektroskopie des syn-1-Cyanallylradikals

Sinnvoll bei der Anwendung der Modulations-ESR-Spektroskopie ist eine harmonische Modulation der Radikalerzeugung in der Form

$$I = \frac{I_o}{2} (1 + \cos \omega_L t).$$

Dies geschieht zweckmäßigerweise durch eine entsprechende Modulation der radikalerzeugenden UV-Strahlung. Nimmt man für den Zerfall der Radikalkonzentration [R] Prozesse 1. und 2. Ordnung an, so gilt das Geschwindigkeitsgesetz

$$\frac{d[R]}{dt} = \frac{I_o}{2} (1 + \cos \omega_L t) - k_1[R] - 2k_2[R]^2$$

Hierin ist ω_L die Frequenz der Radikalerzeugung I und I_o deren maximale Amplitude. Die Konzentration [R] folgt der Radikalerzeugung I (diese ist proportional der Lichtintensität) mit der Amplitude A und der Phasenverschiebung ψ.

Die Integration über Fourier-Entwicklung führt zu:

$$[R] = A_o + A_n \cos(n\omega_L t + \psi).$$

Die Bestimmung von A_o, A_n und ψ ist über folgende Gleichungen [12,14] möglich:

$$A_o = (1/4k_2)[(k_1^2 + 4k_2 I_o)^{1/2} - k_1] = [R]_o$$

$$A_1 = \frac{1}{2} I_o (\omega_L^2 + k_1^2 + 4k_2 I_o)^{-1/2} = A$$

$$\psi_1 = \arctan[(1/\omega_L)(k_1^2 + 4k_2 I_o)^{1/2}] = \psi.$$

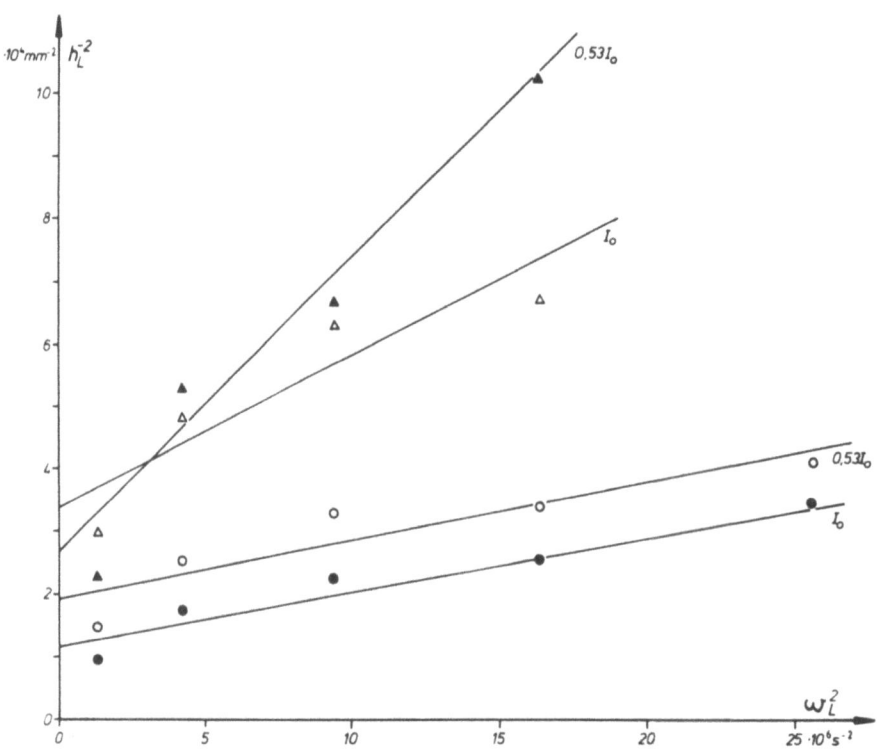

Abb. 14: Auswertung der MESR-Messung des syn-1-Cyan-allylradikals über die fundamentale MESR-Amplitude h_L (o,● : mittlere Linienamplitude, △,▲ : Amplitude der intensivsten Linie)

Tab. 6: Ergebnisse der MESR-Messung am syn-1-Cyan-allylradikal bei T = -47.6°C

Sektor-frequenz ν_s (Hz)	Modulations-frequenz ω_L ($10^3 s^{-1}$)	ω_L^2 ($10^6 s^{-2}$)	mittlere Linienamplitude h_L (mm) I_1	$I_2^{d)}$	Linienamplitude 4 h_L(max) (mm) I_1	I_2	h_L^{-2} (10^{-4} mm^{-2}) I_1	I_2	h_L^{-2}(max) (10^{-5} mm^{-2}) I_1	I_2	Phase b) ϕ (°)
11.5	1.16	1.34	102.5	66.1	261.0	182.5	0.95	2.29	1.47	3.00	-6
20.5	2.06	4.25	75.1	43.5	198.9	144.1	1.77	5.28	2.53	4.82	-10
30.5	3.07	9.40	67.0	46.9	174.3	126.3	2.23	6.64	3.29	6.27	-13
40.2	4.04	16.33	62.9	43.4	172.5	122.3	2.53	10.21	3.36	6.67	-17
50.3	5.06	25.57	53.91	c)	156.6	c)	3.44	-	4.08	-	-20

a) ± 0.1 Hz; b) ± 3°; c) wegen zu großen Rauschens nicht ausgewertet; d) $I_2 = 0.53 I_1$

19) A.J. Dobbs, Mol.Phys. 30,1073(1975).

20) P.J. Hore, C.G. Joslin und K.A. McLauchlan, Chem.Soc.Rev. 8,29(1979).

21) H. Paul und H. Fischer, Helv.Chim.Acta 56,1575(1973).

22) A.S. Rodgers und M.C.R. Wu, J.Phys.Chem. 76,918(1972).

23) M. Swarc und A.H. Sehon, Proc.Roy.Soc. A202,263(1950).

24) M. Swarc und A.H. Sehon, J.Chem.Phys. 18,237(1950).

25) D.M. Golden und S.W. Benson, Chem.Rev. 69,125(1969).

26) S.W. Benson, "Thermochemical Kinetics", Wiley & Sons, New York 1968.

27) W.v.E. Doering und G.H. Beasley, Tetrahedron 29,2231(1973).

28) D.M. Golden, Int.J.Chem.Kin. 1,127(1969).

29) C. Walling und W.A. Thaler, J.Amer.Chem.Soc. 83,3877(1961).

30) W.A. Thaler, A.A. Oswald und B.E. Hudson, J.Amer.Chem.Soc. 87,3877(1961).

31) W.P. Neumann, H.J. Albert und W. Kaiser, Tetrahedron Lett. 1967,2041.

32) D.B. Denney, R.M. Hoyte und P.T. McGregor, Chem.Commun. 1967,1241.

33) R.M. Hoyte und D.B. Denney, J.Org.Chem. 39,2607(1974).

34) I.B. Afanas'ev, I.V. Mamontova, I.M. Filipova und G.I. Samokhvalov, Zh.Org.Khim. 7,866(1971).

35) R. Sustmann und D. Brandes, Chem.Ber. 109,354(1976).

36) R. Sustmann, H. Trill, F. Vahrenholt und D. Brandes, Chem.Ber. 110,245,255(1977).

37) E.J. Hamilton und H. Fischer, Helv.Chim.Acta 76,795(1973).

38) J.K. Kochi und P.J. Krusic, J.Amer.Chem.Soc. 90,7157(1968).

39) K. Sasse in: Houben-Weyl, "Methoden der organischen Chemie", Bd. 12/2 Phosphorverbindungen, 55, G. Thieme Verlag, Stuttgart 1973.

40) A.G. Davies, M.J. Parrott und B.P. Roberts, J.Chem.Soc.Perkin Trans. II $\underline{1976}$,1066.

41) J. Simons und A.B. Ponter, Can.J.Chem.Eng. $\underline{53}$,541(1975).

42) A.G. Davies, D. Griller und B.P. Roberts, J.Chem.Soc.Perkin Trans II $\underline{1972}$,993.

43) P.J. Krusic und J.K. Kochi, J.Amer.Chem.Soc. $\underline{91}$,3944(1969).

44) W.G. Bentrude in: J.K. Kochi (Ed.), "Free Radicals", Vol. II, 623, Wiley-Intersience, New York 1973.

45) P.J. Krusic, P. Meakin und B.E. Smart, J.Amer.Chem.Soc. $\underline{96}$, 6211(1974).

46) M. Menzinger und R.L. Wolfgang, Angew.Chem. $\underline{81}$,446(1969).

47) J.P. Lowe, Progr.Phys.Org.Chem. $\underline{6}$,1(1968).

48) R.M. Hoyte und D.B. Denney, J.Org.Chem. $\underline{39}$,2607(1974).

FORSCHUNGSBERICHTE
des Landes Nordrhein-Westfalen

*Herausgegeben
vom Minister für Wissenschaft und Forschung*

Die „Forschungsberichte des Landes Nordrhein-Westfalen" sind in zwölf Fachgruppen gegliedert:

Geisteswissenschaften
Wirtschafts- und Sozialwissenschaften
Mathematik / Informatik
Physik / Chemie / Biologie
Medizin
Umwelt / Verkehr
Bau / Steine / Erden
Bergbau / Energie
Elektrotechnik / Optik
Maschinenbau / Verfahrenstechnik
Hüttenwesen / Werkstoffkunde
Textilforschung

WESTDEUTSCHER VERLAG
5090 Leverkusen 3 · Postfach 30 06 20

MIX
Papier aus verantwortungsvollen Quellen
Paper from responsible sources
FSC® C105338

If you have any concerns about our products,
you can contact us on
ProductSafety@springernature.com

In case Publisher is established outside the EU,
the EU authorized representative is:
Springer Nature Customer Service Center GmbH
Europaplatz 3, 69115 Heidelberg, Germany

Printed by Libri Plureos GmbH
in Hamburg, Germany